Sitzungsberichte der Heidelberger Akademie der Wissenschaften

Stiftung Heinrich Lanz

Mathematisch-naturwissenschaftliche Klasse

*) *Jahrgang* 1921 *erschien im Verlage von Carl Winters Universitätsbuchhandlung in Heidelberg.*

Im Verlag von Walter de Gruyter & Co. vormals G. J. Göschen'sche Verlagshandlung — J. Guttentag, Verlagsbuchhandlung — Georg Reimer — Karl J. Trübner — Veit & Comp., Berlin, erschienen:

Abteilung A. Mathematisch-physikalische Wissenschaften.

Jahrg. 1922: 3 Hefte. — Jahrg. 1923: 5 Hefte. — Jahrg. 1924: 11 Hefte.

Abteilung B. Biologische Wissenschaften.

Jahrgang 1923: 1 Heft.

Von Jahrgang 1925 *ab findet die Trennung in Abteilung A und B nicht mehr statt.*

Jahrgang 1925. 1. Heffter, Lothar. Zur absoluten Geometrie II. Reichsm. 0.50
2. Roeser, Ernst. Die komplementären Figuren der nichteuklidischen Ebene. Reichsmark 0.50
3. Fladt, Kuno. Neuer Beweis f. d. Zuordnung von rechtwinkligem Dreieck und Spitzeck in der hyperbolischen Elementargeometrie. Reichsmark 0.30
4. Salomon, Wilhelm. Beobachtungen über Harnische. Reichsmark 0.70
5. Loewy, A. Beiträge zur Algebra. 1—4. Reichsmark 1.—
6. Hellpach, Willy. 2. Mitteilung zur Physiognomik der deutschen Volksstämme. Reichsmark 0.30
7. Loewy, Alfred. Neue elementare Begründung u. Erweiterung der Galoisschen Theorie. Reichsmark 2.—
8. Curtius, Theodor, u. Bertho, Alfred. Einwirkung von Stickstoffkohlenoxyd und von Stickstoffwasserstoffsäure unter Druck auf aromatische Kohlenwasserstoffe. Reichsmark 0.40
9. Roeser, Ernst. Die gnomonische Projektion in der hyperbolischen Geometrie. Reichsmark 0.70
10. Rasch, G. Über die Ausnützung der Gezeiten des Meeres zur Energiegewinnung. Reichsmark 0.80
11. Salomon, Wilhelm. Magnetische Hebungen. Reichsmark 1.20 .
12. Pütter, A. Altersbestimmungen an Drachenbäumen von Tenerife. Rm. 0.90
13. Volk, Otto. Über geodätische rhombische Kurvennetze auf krummen Flächen, insbesondere auf Flächen konstanter Krümmung. Reichsmark 1.10
14. Roeser, Ernst. Die Fundamentalkonstruktion der hyperbolischen Geometrie. Reichsmark 1.40
15. Rüger, L., u. Rüger-Haas, P. Palaeosemaeostoma geryonides v. Huene sp., eine sessile Meduse aus dem Dogger von Wehingen i. W., und Medusina liasica nov. sp., eine coronatenähnliche Meduse aus dem mittleren Lias von Hechingen i. Württemberg. Reichsmark 1.50

Jahrgang 1926. 1. Krull, Wolfgang. Theorie und Anwendung der verallgemeinerten Abelschen Gruppen. Reichsmark 1.70
2. Klebs, Georg. Über periodisch wachsende tropische Baumarten. Rm. 1.20
3. Müller, Max. Über die Oberfläche von Flächenstücken. Reichsmark 1.20
4. Ernst, Max. Über Anlagen von Organen, die nicht zur Ausbildung gelangen. Reichsmark 0.50
5. Ernst, Emil. Die optischen Eigenschaften des Andesins von Bodenmais. Reichsmark 1.10
6. Liepmann, Wilhelm. Leichengeburt bei Ichthyosauriern. Reichsmark 0.90
7. Klebs, Georg. Über die Längenperiode der Internodien. Reichsmark 2.40
8. Jost, L., u. v. Ubisch, G. Zur Windefrage. Reichsmark 0.80
9. Salomon, Wilhelm. Gibt es Gesteine, die für bestimmte Erdperioden charakteristisch sind? Reichsmark 0.30
10. Roeser, Ernst. Der reelle Übergang zwischen den beiden nichteuklidischen Geometrien und ihrem Parallelenbegriff. Reichsmark 1.20

(Fortsetzung siehe 3. Umschlagseite)

*) Bestellungen auf solche Veröffentlichungen der math.-naturw. Klasse, welche früher im Verlag von Carl Winters Universitätsbuchhandlung in Heidelberg erschienen sind, nimmt auch der Verlag Walter de Gruyter & Co., Berlin, entgegen.

Sitzungsberichte
der Heidelberger Akademie der Wissenschaften
Mathematisch-naturwissenschaftliche Klasse
Jahrgang 1931. 2. Abhandlung

Radium-reiche Erdölsolen und das Problem der Herkunft ihres Radiums

von

Wilhelm Salomon-Calvi

Vorgelegt den 10. Februar 1931

Berlin und Leipzig 1931
Walter de Gruyter & Co.
vormals G. J. Göschen'sche Verlagshandlung / J. Guttentag, Verlags-buchhandlung / Georg Reimer / Karl J. Trübner / Veit & Comp.

Druck von Walter de Gruyter & Co., Berlin W 10

Im Jahre 1927 veröffentlichte ich in den Abhandlungen der Heidelberger Akademie der Wissenschaften [1]) eine Arbeit „Die Erbohrung der Heidelberger Radium-Sol-Therme und ihre geologischen Verhältnisse". Der Physiker AUGUST BECKER in Heidelberg stellte in dieser Therme einen Gehalt von $17{,}92 \cdot 10^{-7}$ mg gelöstem Radium im Liter fest. Das war 20mal soviel wie in der zweitreichsten, damals bekannten Radiumquelle, der Dürkheimer Maxquelle, 30mal soviel wie in der Wettinquelle von Brambach. Ich erklärte den ungewöhnlich hohen Radiumgehalt der Heidelberger Quelle mit der Annahme, daß aus dem unterirdisch benachbarten Granit radiumreiches Wasser der tertiären Erdölsole zuströme, leitete also den Radiumgehalt auf Grund unseres damaligen Kenntnisstandes von dem Granit ab. Das von mir der Arbeit beigegebene geologische Profil machte diese Annahme möglich (S. 56). Sie ist aber durch neue Entdeckungen in Rußland überholt, so daß ich sie heute für unwahrscheinlich halte.

W. VERNADSKY hat nämlich am 19. Mai 1930 in den Comptes rendus de l'Académie des sciences des Institut de France (T. 190, S. 1172) eine kurze Veröffentlichung gemacht: „Sur les eaux naturelles riches en radium", die von sehr hohem Interesse ist. Ich wurde durch Herrn Prof. KÖNIGSBERGER in Freiburg auf diese Notiz aufmerksam gemacht und danke ihm dafür auch hier. VERNADSKY hat eine entsprechende Notiz auch auf Russisch in den Comptes rendus de l'Académie des Sciences de l'Urss vom 4. April 1930 veröffentlicht. Da ich leider nicht Russisch lesen kann, beziehe ich mich allein auf den französischen Text.

Nach VERNADSKY wurde 1927 in dem Petroleumgebiet von Uchta im nordöstlichen Rußland ein Wasserhorizont erbohrt, der nach den Messungen von A. TCHEREPENNIKOV $7{,}4 \cdot 10^{-10}$ % Radium gelöst enthält gegen $1{,}792 \cdot 10^{-10}$ % in der Heidelberger Quelle. Derselbe Forscher fand in den Wässern des Erdölgebietes von Dagestan (östlicher Kaukasus) $3{,}1 \cdot 10^{-11}$ % Radium.

---

[1]) Mathem.-Naturwissensch. Kl. 1927, Abhandlung 14.

Die Wässer des Erdölgebietes von Novyi Groznyi im nördlichen Kaukasus sind von W. MILIN und W. TVERTZYN sowie von B. NIKITIN untersucht worden. MILIN und W. TVERTZYN fanden in den Bohrlochwässern bis zu 1,06—1,46 $\cdot 10^{-8}$ % Radium. NIKITIN stellte in einem Wasser 1,83 $\cdot 10^{-9}$ % fest, während MILIN und TVERTZYN in demselben Wasser 5,8 $\cdot 10^{-9}$ % fanden. Das Wasser der Bohrung N 13/13 ergab 3,5 $\cdot 10^{-10}$ %. Die Radiummenge steigt also gelegentlich bis fast zum Hundertfachen des bisher reichsten Wassers, der Heidelberger Quelle. Dabei haben diese Radiumquellen eine große horizontale Verbreitung und große Wassermengen.

Unter diesen Umständen ist es wahrscheinlich, daß der hohe Radiumgehalt der aufgeführten Quellen nicht von örtlichen geologischen Verhältnissen herrührt, wie ich für Heidelberg angenommen hatte, sondern daß er eine charakteristische Eigentümlichkeit bestimmter Erdölsolen ist. Dabei sind bisher nur sehr wenige Erdölsolen von wirklich sachverständiger Seite auf ihren Radiumgehalt untersucht worden. Werden doch heute noch eine ganze Reihe von Quellen von den Interessenten der Badeorte „Radiumquellen" genannt, obwohl sie in Wirklichkeit lediglich Emanationsquellen sind. Das war verzeihlich, solange man keine echten Radiumquellen kannte, sollte nun aber endlich aufhören.

In diesem Zusammenhang fällt nun auch Licht auf die Tatsache, daß die produktiven nordamerikanischen Heliumquellen ebenfalls in Erdölgebieten liegen. Das Helium wird bei dem Zerfall des Radiums, aber allerdings auch zahlreicher anderer radioaktiver Elemente frei. Ich nenne aus ihrer großen Zahl hier nur das in der Natur weit verbreitete Thorium, die verschiedenen Uranium und das Jonium. Die Halbwertszeiten dieser Elemente sind teilweise sehr beträchtlich. Die Halbwertszeit des U I beträgt 4 $\cdot 10^{9}$ Jahre, die des U II 10^{4}, die des Jo 8 $\cdot 10^{4}$, die des Ra 1,58 $\cdot 10^{3}$, die des Th etwa 1,65 $\cdot 10^{10}$ Jahre. Das sind also Zeiträume, die geologisch in Betracht kommen, zum Teil sogar die Dauer der geologischen Erdgeschichte übertreffen. Unter diesen Umständen ist es sehr wahrscheinlich, daß das Helium der nordamerikanischen Erdöllager vom Radium oder anderen radioaktiven Elementen herrührt. Radium selbst kann längst so weit zerfallen sein, daß wir es nicht mehr nachweisen können, während das Helium in gut abgedichteten Lagerstätten sich beliebig lange zu halten vermag.

G. SHERBURNE ROGERS (Helium-Bearing natural Gas. U. S. Geol. Survey Prof. Pap. 121. Washington, 1921) gibt auf S. 96—109 ein vollständiges Verzeichnis aller amerikanischen, bis zum 10. Dezember 1918 auf Helium untersuchten Gasproben. Auf S. 61 gibt er an, daß Helium 0,5—2% gewisser stickstoffreicher Naturgase von Kansas, Oklahoma und Texas zusammensetzt, in kleineren Mengen in den Gasen vieler anderer Gebiete vorkommt. Die heliumreichsten Gase treten nur im oberen und mittleren „Pennsylvanian" = Karbon auf. Gase mit 0,25—0,5% Helium finden sich im älteren Pennsylvanian des Mid-Continent-Gebietes, im Mississippian = Unterkarbon und dem Silur von Ohio, sowie in der Kreide von Montana, obwohl im allgemeinen die vorpennsylvanischen Gase arm an Helium sind und die kretazeischen und tertiären Gase nur Spuren von Helium oder gar kein Helium enthalten. Die heliumreichen Gebiete sind weder durch vulkanische Tätigkeit, noch durch ungewöhnliche Tektonik ausgezeichnet.

Derselbe Verfasser gibt auf S. 40 folgendes Verzeichnis von besonders heliumreichen Gasquellen:

	Helium
Oklahoma, Morrison	0,22%
Oklahoma, Ponca City	0,36%
Oklahoma, Billings	0,39%
Oklahoma, Loco	0,17%
Kansas, Otto	1,04%
Kansas, Dexter	1,84%
Kansas, Augusta	2,00%
Ohio, Vinton Co.	0,43%
Kansas, Sedan	1,94%
Kansas, Fredonia	0,62%
Ohio, Vinton Co.	0,40%
Kansas, Elmdale	0,56%
Kansas, New Albany	0,49%

Dies Verzeichnis ist auch bei E. R. Lilley (The Geology of Petroleum and Natural Gas. New York. D. van Nostrand Co. 1928, S. 61) wieder abgedruckt.

Nun hat man das Alter der Uraninite von Glastonbury Conn. U. S. A. auf im Mittel 335 Millionen Jahre bestimmt. Sie gehören dem Oberkarbon an, so daß wir für die Heliumquellen des Pennsylvanian und Mississippian mindestens diesen, wenn nicht einen größeren Wert ansetzen müssen. Für das Silur dürfen wir als Mindestwert 400 Millionen Jahre annehmen. Wahrscheinlich ist das Alter noch deutlich größer.

Es macht also keine Schwierigkeit zu erklären, daß diese alten Erdöllager nur Helium und kein Radium enthalten. Denn bei der verhältnismäßig kurzen Halbwertzeit des Radiums muß dieses in karbonischen und älteren Schichten, ja selbst in den doch mindestens 55—65 Millionen Jahre zurückliegenden Kreideschichten längst auf unmeßbar kleine Mengen vermindert sein.

Umgekehrt ist es unmöglich, den Radiumgehalt der in oligozänen Schichten enthaltenen Heidelberger Therme oder der meist jungtertiären russischen Erdölsolen als primär aufzufassen. So nahe der später noch zu begründende Gedanke liegt, der Radiumgehalt der Erdölsolen rühre von radiumspeichernden Organismen her, so wenig ist er zu verteidigen, wenn man bedenkt, daß das Radium eine Halbwertzeit von weniger als 1580 Jahren hat. Es müßte schon in altdiluvialen Solen auf Mengen zurückgegangen sein, die wir nicht mehr messen können. Damit taucht aber nun als ein schwieriges Problem die Frage nach dem Ursprung des Radiums in den angeführten Radiumquellen, sowie des Heliums in den nordamerikanischen Erdgasen auf. Die amerikanischen Geologen haben diese Frage meist so beantwortet, daß sie radioaktive Mineralien in tieferen Schichten für die Bildung des Heliums verantwortlich gemacht haben. KREJCI-GRAF (Grundfragen der Ölgeologie, Stuttgart, Enke 1930, S. 99) sagt wörtlich: „Der Heliumgehalt mancher Erdgase hängt mit den Bitumina nur vielleicht durch die hohe Löslichkeit von Emanation in Erdölen zusammen. Das He selbst ist aus radioaktiven Mineralen in Eruptiven oder Sanden entstanden."

RUEDEMANN und OLES (Helium, its probable origin and concentration in the Amarillo Fold, Texas. Bull. Amer. Assoc. Petrol. Geologists 1929, **13**, S. 799—810) führen das Helium ebenfalls auf radioaktive Mineralien benachbarter Gesteine zurück. „It is highly possible that the reservoir rocks in the Amarillo area are in contact with Pegmatites and granites containing radioactive minerals" (S. 808). Aber auch entsprechende Mineralien von Sedimenten werden zur Erklärung herangezogen. Die Möglichkeit einer Herkunft des Heliums von Organismen der Öllager ist den Verfassern ebenso unbekannt, wie sie mir bei der Abfassung meiner eingangs erwähnten Abhandlung war.

BLUMER (Die Erdölagerstätten. Enke, Stuttgart, 1922) geht auf die Herkunft des Heliums überhaupt noch gar nicht ein.

Bei der hier zu behandelnden Frage ist natürlich zu berücksichtigen, daß es auch Wasserquellen in Nichterdölgebieten gibt, die erhebliche Heliummengen liefern. So fand CZAKÓ (Über Heliumgehalt und Radioaktivität von Erdgasen. Z. für anorganische Chemie **82**, 1913, S. 262) zusammen mit LAUTENSCHLÄGER im Gas der Wildbader Therme im Schwarzwald 0,71% Helium und 1,56% Argon. SHERBURNE ROGERS gibt auf S. 49 seiner zitierten Arbeit eine Tabelle der Heliumgehalte französischer Quellen nach den Untersuchungen von MOUREU. Danach hat die Quelle von Santenay (Côte-d'Or) einen Heliumgehalt von 10,16% des Gesamtgasgehaltes und liefert im Jahre 5182 Liter Helium. Eine andere Quelle von Carnot bei Santenay liefert sogar 17 845 Liter und die Quelle von César (Néris, Allier) 33 990 Liter im Jahre. Immerhin bleiben diese Mengen weit hinter denen der nordamerikanischen Heliumquellen zurück.

Zum Vergleich mit der Heidelberger Quelle sei auch noch angeführt, daß CZAKÓ (a. a. O. S. 261)[1]) in einem Erdgas von Pechelbronn Nr. 220 (wohl Nr. des Bohrloches) 0,83 ccm Helium entsprechend 0,0063% Helium gefunden hat, im Gase einer nicht genannten Bohrung ebendort aber sogar 0,38% Helium.

Im Erdgas von Neuengamme bei Hamburg wies er 0,0141% Helium nach. Es gibt also auch in Europa und nicht weit von der radiumreichen Heidelberger Therme Helium-führende, ja eine heliumreiche Gasquelle, aber freilich auch eine heliumreiche anorganische Wasserquelle (Wildbad).

Wir werden das alles berücksichtigen müssen, wenn wir zu einer Erörterung der Entstehung des Radiums in den genannten Erdölsolen übergehen.

Ursprung des Radiums im Erdöl.

Obwohl man eigentlich erwarten sollte, daß das Radium in Organismen nicht gespeichert werden könnte, da es ja oft auf die Zellen zerstörend einwirkt, hat sich das Gegenteil herausgestellt. VERNADSKY hat in den Comptes rendus des Institut de France (T. 191, 8. IX, 1930, S. 421) eine kurze Notiz veröffentlicht: Sur le

---

[1]) CZAKÓ hat übrigens die Ergebnisse seiner Heliumbestimmungen in Wildbad, Pechelbronn und anderen Orten noch ausführlicher dargestellt in den Jahresh. Ver. f. vaterl. Naturkde. i. Würt. 1913, **69**, S. XLI—XLVIII, sowie in seiner Dissertation „Beiträge zur Kenntnis natürlicher Gasausströmungen" (Karlsruhe 1913). 85 S. Hier auch viel ältere Literatur.

radium dans les organismes aquatiques. Seit 1926 hat er in den Seen von Peterhof und in denen von Kiew den Radiumgehalt des Wassers und der darin lebenden Arten von Lemna bestimmen lassen. Der Prozentsatz des Radiums variiert in den verschiedenen Arten dieser Pflanze von $1{,}3 \cdot 10^{-11}$ bis zu $2{,}0 \cdot 10^{-12}$ % im lebenden Organismus. Das Wasser der betreffenden Seen enthielt dagegen nur $8 \cdot 10^{-14}$ % Ra.

Während der Hauptblüte der Lemna-Arten war in dem Wasser überhaupt kein Radium mehr nachweisbar. Das Wasser enthielt nämlich dann weniger als $2 \cdot 10^{-14}$ % Ra. Das ist aber die Grenze seiner Nachweisbarkeit mit den angewandten Methoden. Die lebende Lemna konzentriert also das Radium 100 bis 650 mal stärker, als es im Wasser enthalten ist. Andere Einzelheiten wolle man in der genannten Arbeit von Vernadsky vergleichen.

Übrigens scheint Vernadsky auch schon weitere Ergebnisse erzielt zu haben. Denn er sagt wörtlich: L'étude de la radioactivité des organismes vivants permet déjà de faire quelques constatations sûres. Dabei zitiert er mehrere teilweise im Drucke befindliche, mir noch nicht zugängliche Arbeiten: W. Vernadsky, Comptes rendus de l'académie des sciences de l'union, 1929, S. 33 und 1930; sowie B. Brunowsky, Travaux du Laboratoire biogéochimique **1**, 1930, S. 75 und Comptes rendus usw. de l'Union 1930. (Im Druck.)

Es ist bei diesen Betrachtungen nicht ohne Interesse, daß man in den Xenophyophoren marine Rhizopoden kennt, die das dem Radium verwandte Barium speichern, obwohl doch auch die Bariumsalze gewöhnlich für die Organismen giftig sind.

Die in allen drei großen Ozeanen verbreiteten Xenophyophoren sind aus Tiefen von 1—5000 m bekannt und in der mir zugänglichen Literatur nur beiderseits des Äquators bis zum 40. Breitengrad beschrieben. Das merkwürdige an dieser auch sonst von den normalen Rhizopoden abweichenden Tiergruppe ist die Tatsache, daß sie in einem kernreichen Plasmodium „gewöhnlich viele kleine, glatte, stark lichtbrechende, farblose Körnchen von Bariumsulfat (Granellen) enthält" (Franz Eilhard Schulze: Die Xenophyophoren der amerikanischen Albatros-Expedition 1904/05. Sitzber. Ges. Nat. Freunde, Berlin, 8. 10. 1906, S. 208). A. Schepotieff spricht von „mannigfaltigen Einschlüssen und Kriställchen von Bariumsulfat" (Zool. Jahrb. Abt. f. Anatomie, Jena 1911, Bd. 32, S. 266).

Aus den Abbildungen von F. E. Schulze in seiner großen

Abhandlung „Die Xenophyophoren, eine besondere Gruppe der Rhizopoden", Tafel 2 usw. geht hervor, daß diese Organismen stellenweise ganz erhebliche Mengen von schwefelsaurem Barium in ihrem Körper ausscheiden. Über die biologische Funktion des Bariums scheint nichts bekannt zu sein [1]). Die geologische Bedeutung der Xenophyophoren ist bisher nur selten gewürdigt worden. Es war wohl zuerst der leider schon verstorbene russische Forscher J. V. Samojloff, der die Aufmerksamkeit darauf lenkte (Z. Deutsche geol. Ges. **74**, 1922, Mon. S. 227—244). Ihm ist es ja auch zu verdanken, daß wir über das Auftreten von Barium und Strontium in Echinodermen, Muscheln und Brachiopoden unterrichtet sind. (Samojloff, J. V. und K. F. Terentjeva, The mineral composition of the Skeletons of some invertebrates from Barents- and Kara Seas. Transactions Institute Economic Mineralogy and Petrography (Lithogaea) Nr. 12, S. 32. Russisch mit englischer Zusammenfassung, 1925.)

Berücksichtigt man nun auch die Tatsache, daß, wie Bütschli 1906 nachgewiesen hat, die Acantharia Strontiumsulfat speichern, daß Vanadium in manchen marinen Tieren [2]) eine Rolle spielt, daß Uran von organischen Substanzen in erheblichen Mengen niedergeschlagen wird, so dürfte die Annahme berechtigt sein, daß im Plankton des Meeres sowohl Radium, wie Uran nachweisbar sein wird.

Vernadsky hat in seiner Geochemie (S. 264—267) das Auftreten des Urans in Sedimenten und seine Anreicherung durch organische Substanzen sehr eingehend geschildert. Aber ich finde noch keinen Beweis für das normale Auftreten des Urans in lebenden Meerestieren. Es wäre wirklich dankenswert, wenn die Zoologen das Plankton auf Uran untersuchten.

Übrigens ist ein geringer Radiumgehalt neuerdings auch in Landpflanzen festgestellt worden. E. Burkser, I. Brun und K. Bronstein haben in der Biochemischen Zeitschrift Bd. 181, 1927, S. 145—148 einen Aufsatz veröffentlicht: Zur Frage der

[1]) Ich verdanke die Mitteilung der Druckorte der Xenophyophoren-Literatur meinem verehrten Freunde Prof. Herbst. Er nannte mir auch eine weitere Arbeit von F. E. Schulze, die mir nicht zugänglich ist, „Die Xenophyophoren der Siboga-Expedition" in Siboga-Expeditie IV, bis.

[2]) Holothurien und Ascidien. Das ist deswegen von besonderer Bedeutung, weil bei der Verwesung organischer Stoffe gern Uranylvanadate entstehen (E. Hess, Economic Geology. **9.** La. 1914, S. 686. Zitiert nach Vernadsky, Geochemie, Leipzig, 1930, S. 266).

Bioradioaktivität der Pflanzen und der Existenz von Radiumelementen in denselben. Die folgende Tabelle gibt ihre Ergebnisse an.

Name der Pflanze	Standort	Radiumgehalt in 1 g Asche
Salsola	Odessa	$5 \cdot 10^{-13}$
Helianthus annuus	„	$4{,}3 \cdot 10^{-13}$
Zea mais	„	$4{,}9 \cdot 10^{-13}$
Vitis vinifera (Rebe)	Berdjansk	**51,1** $\cdot 10^{-13}$
Urtica dioica	„	$3{,}8 \cdot 10^{-13}$
Artemisia	Odessa	$8{,}6 \cdot 10^{-13}$

Eine Speicherung von Radium ist also nachgewiesen, während Thorium in denselben Pflanzen nicht festgestellt werden konnte. Es liegt also erst recht nahe zu erwarten, daß auch marine Organismen Radium aus dem Meerwasser aufnehmen und speichern werden. Dann aber wäre ein erheblicher primärer Radiumgehalt der Erdöle und Erdölsolen verständlich, wenn sie kein höheres geologisches Alter haben, als einige 10000 Jahre.

Sobald das Alter der betreffenden Lösungen aber wesentlich höher wird, ist es unmöglich, das Radium in ihnen auf primäre Speicherung durch Organismen zurückzuführen. Es bleibt dann wohl nur die Möglichkeit, entweder eine sekundäre Absorption des Radiums anzunehmen oder eine primäre Speicherung von Uran oder Thorium zu postulieren. Wenn wir diese Möglichkeiten auf ihre Wahrscheinlichkeit untersuchen, spricht gegen die erste der ganz verschiedenartige geologische Bau der Gebiete, aus denen radiumreiche Quellen bekannt sind.

Bei einer primären Speicherung von Uran I oder Thorium sollten bei der Halbwertdauer dieser Elemente in tertiären Lösungen noch erhebliche und sicher nachweisbare Reste des Urelementes vorhanden sein. Eine Entscheidung zwischen diesen beiden Annahmen kann ich heute noch nicht treffen.

Dagegen ist es durchaus möglich, ja wahrscheinlich, heliumreiche Gasquellen auf ursprüngliche Speicherung von Radium in Organismen zurückzuführen. Für die nordamerikanischen Heliumquellen scheint mir das einstweilen wenigstens mehr für sich zu haben, als die Annahme der Bildung des Heliums aus radioaktiven Mineralien tieferer Gesteinshorizonte.

Nachtrag.

Durch die Freundlichkeit des verehrten Kollegen VERNADSKY erhalte ich soeben noch zwei russische Arbeiten, von denen die erste erfreulicher- und dankenswerterweise wenigstens eine kurze französische Zusammenfassung enthält. Sie ist von B. NIKITIN und L. KOMLEFF verfaßt und heißt: La teneur en radium des eaux pétrolifères de Bakou et du Daghestan (Trudi gosudarstwennogo radijwogo = Veröffentlichungen des staatlichen radiologischen Institutes, Leningrad 1930).

Die Verf. haben 72 Proben von Erdölwässern von Baku untersucht und als die radiumreichsten die Wässer von Bibi Eibat befunden. Diese enthalten im Mittel $3 \cdot 10^{-11}$ % Ra. In dem Bohrloch 129/XII fanden sie $1,6 \cdot 10^{-10}$ %. Dabei wechselt der Radiumgehalt auch bei benachbarten Bohrungen, die ihr Wasser aus derselben Schicht beziehen, trotz sonst gleicher chemischer Zusammensetzung. In Dagestan haben die Verfasser 22 Proben untersucht, nämlich alle Bohrlöcher der Station Berikei. Diese Wässer enthalten im allgemeinen $1,2 \cdot 10^{-10}$ % Ra. Sie enthalten außerdem ungefähr 0,03% Barium. Im Hinblick auf meine Ausführungen über die Xenophyophoren auf S. 8 ist das von besonderem Interesse. Es besteht keine Proportion zwischen den Barium- und den Radiumgehalten. Einige der Bohrlöcher liefern bis zu 640 cbm Wasser am Tage, so daß in einigen Fällen eine Bohrung bis zu 0,2 g Radium im Jahre liefert.

Von der zweiten Arbeit hat mir Herr Kollege RÜGER dankenswerterweise die für mich wichtigsten Stellen übersetzt. Sie ist von V. CHLOPIN und B. NIKITIN und heißt: La teneur en Radium des eaux pétrolifères de Grozny. Sie ist erschienen in den Comptes Rendus de l'Académie des Sciences de l'Urss 1930, S. 393—398. Nach Tabelle 2 auf S. 396 stammen die Wässer alle aus den Tschokratkskj-Schichten (Miocän). Ein Wasser der Bohrungen 1/28,3/28 und 1/31 aus 600 und 760 m Tiefe ergab $1,83 \cdot 10^{-9}$ (nach den Angaben von W. TVERTZYN und W. MILIN $5,8 \cdot 10^{-9}$). Ein zweites Wasser der Bohrung 13/13 aus etwa 450 m Tiefe ergab $0,35 \cdot 10^{-9}$ (nach den Angaben der beiden anderen genannten Forscher $3,0—0,7 \cdot 10^{-9}$) [1]). Ein drittes Wasser der Bohrung 1/35 aus einer Tiefe von nahezu 1000 m ergab $0,03 \cdot 10^{-9}$. Die Tabelle 3 auf S. 397 enthält folgende Angaben:

[1]) Diese Angaben sind z. T. identisch mit denen auf S. 4.

	Name der Quelle	Radium %	Analytiker
1.	Dagestan, Berekej, Bohrung „Stoll“	$3{,}1 \cdot 10^{-11}$	A. TCHEREPENNIKOV
2.	Heidelberger Therme	$1{,}79, \cdot 10^{-10}$	A. BECKER
3.	Staatliche Bohrung Nr. 1 in Uchtinsk	$7, 4 \cdot 10^{-10}$	A. TCHEREPENNIKOV und W. I. BARANOV
4.	Bohrung 1/28, 3/28 und 1/31 Grozny	$1{,}83 \cdot 10^{-9}$	A. B. NIKITIN
5.	Bohrung Nr. 13/13	$3{,}5 \cdot 10^{-10}$	B. A. NIKITIN

Es sind in dieser Tabelle also lediglich zwei der Quellen der Tabelle 2 mit anderen Untersuchungen verglichen.

Zusammenfassung des Nachtrages.

Der Nachtrag bestätigt das Ergebnis des Hauptteiles. Es kann kein Zufall sein, daß so viele Erdölsolen durch einen ungewöhnlich hohen Radiumgehalt vor fast allen übrigen Quellen ausgezeichnet sind. Es ist natürlich ganz unmöglich, den Radiumgehalt auf Lösung von Emanation im Öl zurückzuführen [1]). Es ist aber auch unmöglich, den Radiumgehalt so zahlreicher tertiärer Erdölsolen als primär anzusehen. Bei der Verschiedenartigkeit der Untergrundverhältnisse erscheint die Annahme gesucht, das Radium stamme aus benachbarten oder unterlagernden Gesteinen mit hohem Radiumgehalt. Immerhin könnte man dafür anführen, daß die Beschränkung hoher Radiumgehalte auf Erdölsolen dadurch erklärt werden könne, daß gerade Radiumsolen manchmal völlig frei von Sulfationen sind (Heidelberg). Hier kann also zugeführtes Radium in Lösung bleiben, während es in allen sulfathaltigen Wässern sofort ausgefällt werden würde. Doch liegt es beim heutigen Kenntnisstande jedenfalls näher, es von primärem Uran I oder Thorium der das Erdöl bildenden Meeresorganismen abzuleiten. Dann sollte aber von dem Urelement noch eine erhebliche Menge in dem Öl bzw. der Sole nachweisbar sein. Ist das nicht der Fall, so müssen wir zu der anderen Annahme greifen oder nach einer weiteren, mir bisher nicht bekannten Erklärung suchen.

---

1) Siehe KREJCI-GRAF auf S. 6.

11. SALOMON, WILHELM. Kugelförmige Absonderung Reichsmark 0.80
12. SALOMON. Felsenmeere und Blockstreuungen. Reichsmark 0.80
13. SALOMON. Die Gruppendefinitionen in der Paläontologie. Reichsmark 0,90

Jahrgang 1927. 1. LOEWY, ALFRED Neue elementare Begründung und Erweiterung der Galoisschen Theorie. Reichsmark 1.60
2 LIEBMANN, HEINRICH, Rhombische Geradennetze im Raum Reichsmark 1.—
3 VOLK, OTTO. Über geodatische Dreiecknetze auf Flachen konstanten Krümmungsmaßes. Reichsmark 1.80
4 PÜTTER A Chemische Reizwirkung und Giftwirkung Mit einem mathematischen Anhang Ein Diffusionsproblem von E TREFFTZ Reichsmark 2.40
5. REMBS, EDUARD. Die Verbiegung des verlängerten Rotationsellipsoids. Reichsmark 1.60
6. MAYER, ADOLF Naturwissenschaftliche Ästhetik. Reichsmark 0.90
7. MAYER, ADOLF Naturwissenschaftliche Volkswirtschaftslehre. Reichsm. 0.80
8 BAER, R, KAPFERER, H, KRULL, W, SCHMIDT, F K. Beitrage zur Algebra. Nr 5–10 Reichsmark 6.20
9. MÜLLER, MAX Über die Eindeutigkeit der Integrale eines Systems gewöhnlicher Differentialgleichungen und die Konvergenz einer Gattung von Verfahren zur Approximation dieser Integrale. Reichsmark 2.50
10 FREUDENBERG, KARL Intramolekulare Umlagerung optisch-aktiver Systeme. Reichsmark 1.—
11 ROESER, ERNST Abbildung der hyperbolischen Ebene auf die Kugel mittels der Beziehung zwischen Lot und Parallelwinkel Reichsmark 1
12 RÜGER, L. Die direkte gebirgsgetreue Übertragung der auf dem Universaldrehtisch gewonnenen Messungsergebnisse gebirgsorientierter Schliffe in das Diagramm. Reichsmark 1.20
13 JOST, L. Elektrische Potentialdifferenzen an der Einzelzelle. Reichsmark 1.90

Jahrgang 1928. 1. RÜGER, L. Einige Bemerkungen zur Darstellung tektonischer Elemente, insbesondere von Klüften und Harnischen Reichsm 1.20
2 HERBST, CURT Untersuchungen zur Bestimmung des Geschlechts Ein neuer Weg zur Lösung des Geschlechtsbestimmungsproblems bei Bonellia viridis Reichsmark 1.50
3 MERTON, HUGO. Untersuchungen über die Entstehung amöbenahnlicher Zellen aus absterbenden Infusorien. Reichsmark 2.20
4 BAER, REINHOLD. Zur Einordnung der Theorie der Mischgruppen in die Gruppentheorie. Reichsmark 2.20
5 BAER, REINHOLD. Über die Zerlegungen einer Mischgruppe nach einer Untermischgruppe Reichsmark 1.50
6 ROESER, ERNST Komplementare Körper der beiden nichteuklidischen Geometrien Reichsmark 1.—
7 KRULL, WOLFGANG Primidealketten in allgemeinen Ringbereichen. Rm. 1.10
8 SALOMON, WILHELM. Geol Beobachtungen des Leonardo da Vinci. Rm. 0.90
9 LIEBMANN, HEINRICH Die Satze von Lie und Gambier über Kurven eines Linienkomplexes. Reichsmark 0.90
10 MERZ, K W Über den Wirkungsantagonismus von Blutkörperchen und Serum bei chemisch faßbaren biologischen Vorgangen. Reichsmark 1.20
11. MÜHLBACH, R. Über Raumkurven in der Möbiusschen Geometrie. Rm. 1.20
12 ERNST, PAUL Wurzeln der Medizin. Reichsmark 1.50
13 MAYER, ADOLF Naturwissenschaftliche Apologetik des Christentums. Rm 1.60
14. BAER, REINHOLD Beiträge zur Galoisschen Theorie. Reichsmark 1.80
15. SALOMON, WILHELM. Neue geologische Beobachtungen im Baitonegebiet des Adamello. Reichsmark 0.90
16. ERDMANNSDÖRFFER, O. H. Über Disthen-Andalusitparagenesen. Rm. 1.20
17. SCHNEIDT, MAX Kurvennetze ohne Umwege. Reichsmark 1.30
18. BOPP, K J. H Lamberts und A. G Kaestners Briefe, aus den Gothaer Manuskripten herausgegeben. Reichsmark 2.20
19. FREUDENBERG, K. Zur Kenntnis des Fichtenholz-Lignins. Reichsmark 1.10

Jahrgang 1929. 1. VOLK, OTTO. Über Flächen mit geodätischen Dreiecksnetzen. Reichsmark 2.50
2. SCHMIDT, F. K, KRULL, W., BREUER, S. Beiträge zur Algebra. Nr. 11—13. Reichsmark 1.80
3. HIEBER, W., Zur Kenntnis der chemischen Reaktionen des Eisencarbonyls. Reichsmark 0.90

4. SALOMON, WILHELM. Gletscherbeobachtungen am Vadret Lischanna (Unterengadin). Reichsmark 1.—
5. SALOMON, WILHELM. Arktische Bodenformen in den Alpen. Reichsm. 2.50
6. MÜLLER, MAX. Über die Greensche Funktion des Laplaceschen Differentialausdruckes. Reichsmark 1.50
7. RÜGER, L. Machairodus latidens Owen aus den altdiluvialen Sanden von Mauer a. d. Elsenz. Reichsmark 0.90
8. LENARD, P. Über Energie und Gravitation. Reichsmark 1.90
9. DEECKE, W. Zur Entstehung der Kare. Reichsmark 0.80
10. ROESER, E. Neue Sätze über sphärische und hyperbolische Fünfecke. Reichsmark 1.—
11. BALDUS, R. Über Eulers Dreieckssatz in der absoluten Geometrie. Rm. 1.—
12. TRAUTZ, M. Die Reibung, Wärmeleitung und Diffusion in Gasmischungen. II. Reichsmark 2.80
13. SANDER, B., u. FELKEL, E. Zur tektonischen Analyse von Schmelztektoniten. Reichsmark 2.50
14. SCHOLZ, ARNOLD. Beiträge zur Algebra. Nr. 14. Reichsmark 1.20
15. BAER, REINHOLD. Beziehungen zwischen den Grundbegriffen der Topologie. Reichsmark 1.60
16. HERBST, CURT. Untersuchungen zur Bestimmung des Geschlechts. Weitere Experimente über die Vermännlichung indifferenter Bonellia-Larven durch künstliche Mittel. Reichsmark 3.—
17. ERDMANNSDÖRFFER, O. H. Über Alkalihornblenden aus dem Radautal. Reichsmark 0.80
18. GRUBER, FRIEDRICH. Neuer Beweis des Transversalensatzes in der absoluten Geometrie. Reichsmark 0.80
19. ROSENTHAL, A. Über die Existenz der Lösungen von Systemen gewöhnlicher Differentialgleichungen. Reichsmark 1.20

Jahrgang 1930. 1. GOTTFRIED, C. Über kontaktmetamorphe Gesteine des Baitonegebietes in der Adamellogruppe (Italien). Reichsmark 1.—
2. RÜGER, L. Über einen Granulit mit „Sekundärschieferung" von Auerswalde i. S. Reichsmark 1.50
3. Beiträge zur Algebra Nr. 15—17: a) KAPFERER, HEINR. Über Schnittpunktsysteme mit vorgeschriebenen Multiplizitätszahlen. b) KAPFERER, HEINR. Eine idealtheoretische Lösung des Cramerschen Paradoxons, die jeden singularen Fall umfaßt. c) SCHOLZ, ARNOLD. Über das Verhältnis von Idealklassen und Einheitengruppen in Abelschen Körpern von Primzahlpotenzgrad. Reichsmark 3.20
4. KINZL, HANS. Flußgeschichtliche und geomorphologische Untersuchungen über die Feldaistsenke im oberösterreichischen Mühlviertel und die angrenzenden Teile Südböhmens. Reichsmark 3.20
5. BALDUS, RICHARD. Zur Axiomatik der Geometrie III. Über das Archimedische und das Cantorsche Axiom. Reichsmark 0.80
6. SALOMON-CALVI, WILHELM. Epeirophorese. Teil I. Reichsmark 1.40
7. WELLSTEIN, JULIUS. Zur Klassifikation der regulären Scharen quadratischer Formen. Reichsmark 1.—
8. BETTMANN. Über Modellierungen des Gefäßendabschnittes. Reichsmark 2. —
9. ROESER, ERNST. Sphärische und hyperbolische Vielecke. Reichsmark 1.65
10. KAUFMANN, BORIS. Über die Ränderzuordnung bei topologischen Abbildungen in der Ebene und im Raume. Reichsmark 1.65
11. SCHEFFEN, WALTHER. Pseudopemphix Fritschii Wüst, Lithogaster tiefenbachensis Assm. und Pemphix Sueurii Desm. Reichsmark 3.20
12. VOELCKER, ILSE. Felis issiodorensis Croizet von Mauer a. d. E. Rm. 1.40
13. SALOMON-CALVI, WILHELM. Epeirophorese. Teil II. Geodätische Beweise. Reichsmark 1.—
14. FREUDENBERG, KARL. Kritik an der Berechnung des optischen Drehungsvermögens von Zuckern. Reichsmark 1.—
15. JÄNECKE, ERNST. Über das reguläre vierdimensionale Fünfzell. Rm. 3.—
16. BOEHM, KARL. Über lineare Differentialgleichungen mit konstanten Koeffizienten und einer Störungsfunktion. Reichsmark 1.80
17. KAMKE, E. Über die eindeutige Bestimmtheit der Integrale von Differentialgleichungen II. Reichsmark 1.70

FSC
www.fsc.org
MIX
Papier | Fördert
gute Waldnutzung
FSC® C083411

Kolibri 360 GmbH
Ferdinand-Jühlke-Straße 7
99095 Erfurt, Deutschland
produktsicherheit@kolibri360.de